川派盆景制作技法

蒋跃军　邹盼红　著

西南交通大学出版社
·成都·

图书在版编目（CIP）数据

川派盆景制作技法 / 蒋跃军，邹盼红著. —成都：西南交通大学出版社，2019.4
ISBN 978-7-5643-6820-3

Ⅰ. ①川… Ⅱ. ①蒋… ②邹… Ⅲ. ①盆景－观赏园艺－四川 Ⅳ. ①S688.1

中国版本图书馆 CIP 数据核字（2019）第 067317 号

川派盆景制作技法

蒋跃军　邹盼红　著

责 任 编 辑	郭发仔
助 理 编 辑	赵永铭
封 面 设 计	原谋书装
出 版 发 行	西南交通大学出版社 （四川省成都市二环路北一段 111 号 西南交通大学创新大厦 21 楼）
发行部电话	028-87600564　028-87600533
邮 政 编 码	610031
网　　　址	http://www.xnjdcbs.com
印　　　刷	四川煤田地质制图印刷厂
成 品 尺 寸	170 mm × 230 mm
印　　　张	5.5
字　　　数	83 千
版　　　次	2019 年 4 月第 1 版
印　　　次	2019 年 4 月第 1 次
书　　　号	ISBN 978-7-5643-6820-3
定　　　价	45.00 元

课件咨询电话：028-87600533
图书如有印装质量问题　本社负责退换
版权所有　盗版必究　举报电话：028-87600562

【胡世勋语录】

1. 有个爱好，天天有盼头，不能成天无所事事。就算上了年纪、有点小毛病、有忧虑的事，做一做（盆景）就忘了。

2. 最初是没得其他事情做，做了这行就爱上了，爱上了就要努力做好。

3. 一个盆景花10~50年是正常的，好的藏品，需要几代人才能完成。

4. 盆景不追求值钱不值钱，重要的是个人心性修养的体现。咋个体现诗情画意，咋个和建筑、周围景物相结合，都体现出作者的综合素养。

5. 从除草、施肥到选原材料，再构思、造型，最后做成作品，要全部拿得下，才是名副其实的大师。

6. 我们有些老朋友会互相辩论，互相说对方不行。如果我们互相吹捧，就不会进步了。

7. 很多年轻人都希望轻松赚钱。但如果都用金钱来衡量，那技术和艺术上的精进就会被忽视。

8. 很多年轻人，从没想过，任何美好的事物都有其背后的艰辛。出去看花看景，只看得见植物呈现出来的美，却看不见这些美的后面所付出的劳动。

前言 / PREFACE

  川派盆景是我国盆景中形成较早的重要派系之一，树桩盆景以古拙苍劲、雍容典雅见长，树态庄重、兼顾四方、不趋极端，主要有川西和川东两种风格。川西以成都平原为中心，枝片多为吊盘；川东以重庆为中心，枝片多为平盘。川派树桩盆景的发展，经历了一个在造型上从简到繁、再从繁到简的过程，最终归纳为规律类、自然类两种主要类型。山水盆景则以气势雄伟取胜，高、悬、陡、深，典型地表现了巴山蜀水的自然风貌。

  本书为胡世勋盆景大师工作室项目带动下的成果之一。本书主要对胡大师带徒授技过程中的技能技法要点进行了收集整理，通过对川派盆景造型常规技法的介绍，对川派盆景进行推广普及。本书作为一本盆景实用技能手册，可作为川派盆景技艺爱好者学习参考。本书对川派盆景传统技艺传承推广，及盆景技能教学具有重要的参考价值和辅助作用。

  本书在完成过程中得到了成都农业科技职业学院盆景班同学罗时春、贺公司、周均莉、张会汶、高建浩、胡佳、李俊林、石竣杰等的大力支持和协助，在此一并表示感谢。

著 者

2018 年 12 月

目录 /CONTENTS

技能一：嫁接...//001

技能二：抹芽...//007

技能三：疏花...//011

技能四：疏果...//015

技能五：拿弯...//019

技能六：摘叶...//024

技能七：蟠扎...//029

技能八：解绑...//033

技能九：修剪...//038

技能十：除草...//043

技能十一：制作铝丝微盆景...//046

技能十二：水旱盆景（水畔式）制作...//052

技能十三：选盆...//063

附　录

盆景制作相关工具与材料...//066

常见树型设计图（李俊林绘制）...//071

盆景班学员假期作业...//076

参考文献...//079

技能一：嫁接

嫁接，是将植物的枝或芽接在另一株植物的适当部位，使之愈合，形成一个新的植株的园艺技术方法。其成活原理主要在于，砧木和接穗结合部分的形成层细胞有再生能力，能产生愈合组织和输导组织。嫁接的原则是接穗和砧木的形成层相匹配。嫁接的成败取决于接穗和砧木双方的亲和力（一般亲缘关系近的，亲和力大，反之，则小）、砧穗的贮藏营养和生理状态、环境条件和嫁接技术。

一、实训目的

通过嫁接，弥补树体造型上不足的枝片，或者在保留干型的基础上更新品种。

二、实训要求

了解嫁接的相关理论知识，在实践中不断熟练嫁接技术，既要保证速度又要保证成活率。

三、实训工具

嫁接刀、枝剪。

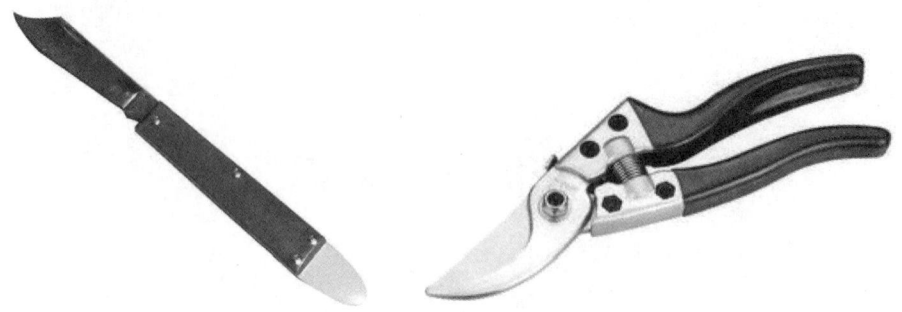

四、实训材料

需要通过嫁接技术完善造型的罗汉松。

五、实训步骤

以芽接法为例:

技能一：嫁接

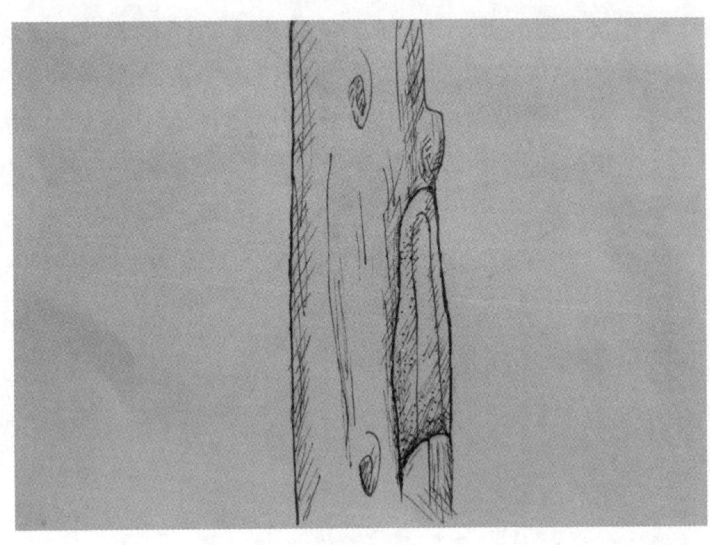

（李俊林绘）

（1）从砧木上切下一片。做一个小角度的倾斜切割，切下砧木大约1/5到1/4的直径。在这个深度，用刀向下切3～4厘米。不要让你的刀切断树皮。把刀稍微往上抬一点，然后再向下切进来，直到到达最初所切薄片的末端，产生一个小的凹槽。在砧木上除去树皮。

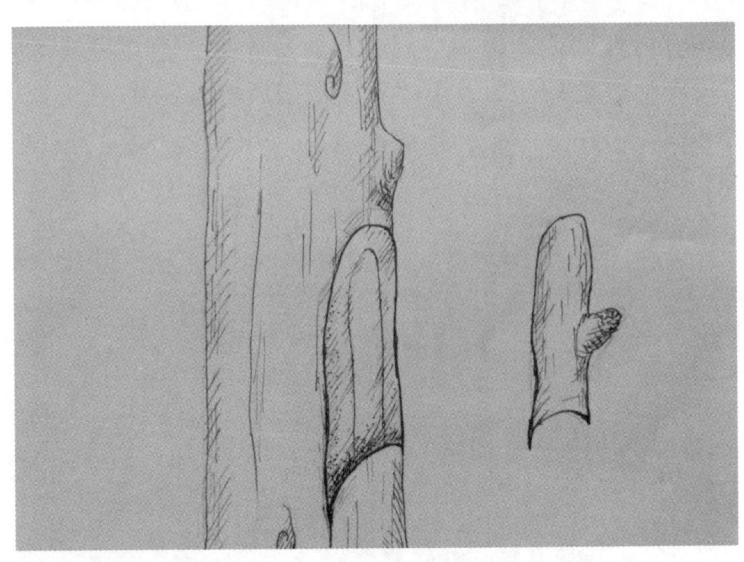

（李俊林绘）

（2）从嫁接的植物上切下接穗。从砧木上砍下的树皮的形状就是接穗应该切成的形状，将接穗的芽放置到切口的中心。接穗在砧木上要尽可能对齐放置。将接穗引到砧木上。滑动接穗，放到砧木底下切出的凹槽里。确保接穗和砧木的绿色层沿着边缘紧密地相接在一起。如果没有，嫁接将会失败。

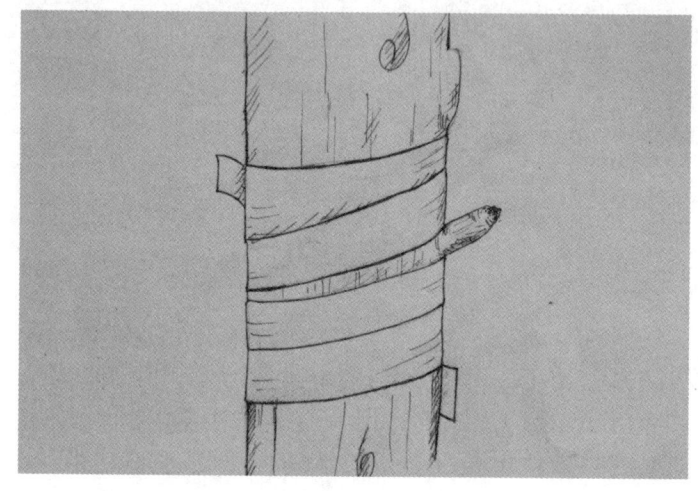

（李俊林绘）

（3）用有弹性的橡胶带围绕着砧木缠绕起来，把芽控制在适当的位置。聚乙烯胶粘带是最好的。小心不要挤压或者盖住芽。

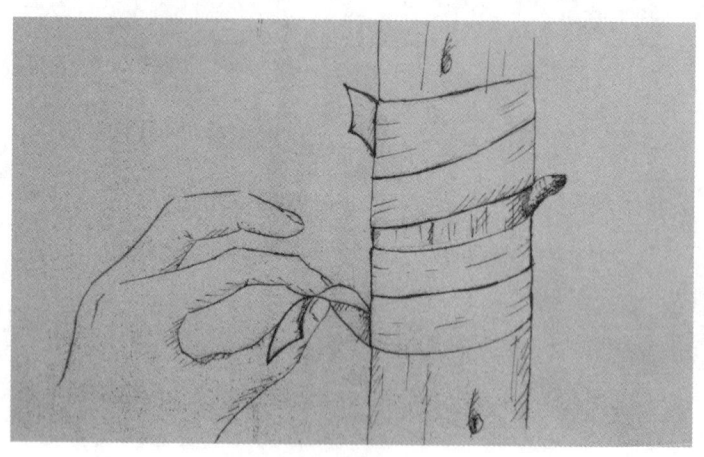

（李俊林绘）

（4）大约一个月时间，你裹在砧木上的橡胶带就可能会松散、脱落。如果没有，你就自己轻轻地拆开，以免影响植物正常生长。

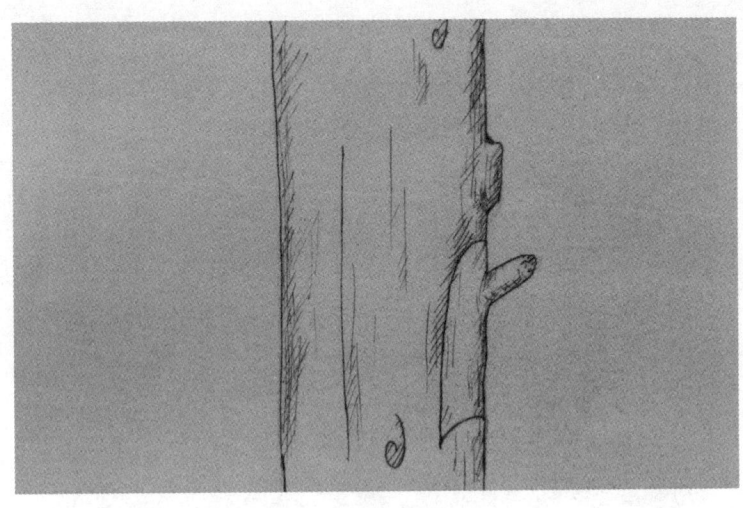

（李俊林绘）

（5）跟进芽的生长状况。如果芽看起来是丰满的、健康的，它很有可能就是成活了。如果它是枯萎了的，那么它就是死了，你就需要重新开始。来年春天，一旦接穗开始发芽，就在成功发芽的接穗上方1~3厘米处斜切一刀。接穗下长的其他芽都要抹除掉，才能促进嫁接的接穗健康生长。

（6）工作结束，清洁现场，规放工具、物料。

六、注意事项

（1）接穗宜选择品质优良、健壮成熟的一年生枝条。

（2）嫁接时先削砧木，后削接穗，以缩短接穗水分蒸发时间，提高成活率。

（3）切口要平滑，形成层要对正，结合处要紧密，绑扎要紧，防止中间出现空隙，而导致嫁接失败。

七、实训示例

靠接：

（拍摄于三邑盆景园）

芽接：

（拍摄于三邑盆景园）

技能二：抹芽

抹芽也叫掰芽，多用于罗汉松，其他植物也有应用。就是在树体萌芽后至开花前，去掉那些多余的芽。此时芽枝很嫩很脆，用手轻轻一抹，即可除去，故称抹芽或掰芽。抹芽的好处是：集中树体营养，使得留下来的芽子，可以得到充足的营养，更好地生长发育。

一、实训目的

通过除萌、抹芽，以节约植物养分和维持植物原有造型。并通过对萌芽的恰当去留，可对树体造型进行适当弥补修饰。

二、实训要求

了解与抹芽相关的理论知识，在掌握基础知识的前提下，熟练抹芽的技巧和要点，抹芽要适度，并不是所有新萌的芽都一概去掉，应根据植物造型的需要进行去留。要注意区分无用的芽与需要保留的芽。

三、实训工具

手套、枝剪。

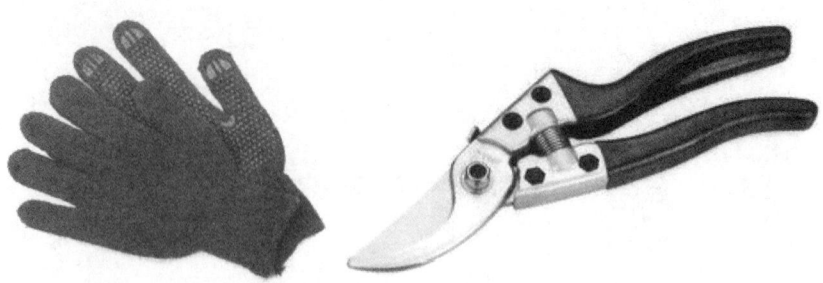

四、实训材料

萌发过多新芽的罗汉松。

（拍摄于三邑盆景园）

罗汉松腋下及阴密环境下，或截锯处往往密生新芽。

五、实训步骤

（1）找到需要抹芽的罗汉松，根据需要抹芽的部位站到合适的位置，如果需要抹芽的位置太高，可借用梯子。

（2）用手捏住需要除去的芽，向下掰折，将其从基部除去，如此反复，直至清理干净。

（3）可直接用手去除，也可借助枝剪等工具进行抹芽。

（4）工作结束，清洁现场，规放工具、物料。

如图，用枝剪除芽。

（拍摄于三邑盆景园）

六、注意事项

（1）保留有用的芽时，要注意保留芽的方向、位置和密度，以免萌发叉枝、对生枝和重叠枝，影响树形美观。

（2）在使用工具抹芽的时候注意不要弄伤树皮。以免细菌感染。

七、实训示例

抹芽前：

（拍摄于三邑盆景园）

抹芽后：

（拍摄于三邑盆景园）

技能三：疏花

疏花是观花盆景的重要管理措施之一，即人为地去除一部分过多的花，以获得优质观花盆景的一项处理措施。对大部分观花盆景来说，开花数量过多会造成营养浪费，花小、花期短、落花严重。疏花，就是把开花盆景的部分花蕾尽早疏除，以节约保留树体内的养分减少丢失，保证盆景的开花量和花期。

而贴梗海棠的疏花，通常在花后期，在花快开败的时候将花全部疏除，以节约树体营养，欣赏树干的角爪张力。

一、实训目的

通过疏花，节约树体营养，使盆景能保持较长久的观赏期，提升观花盆景的观赏性。盆景盆通常不大，不能给盆景植物保证充足的水分及养分，所以在对盆景进行养护时应及时疏花、疏果、摘叶，这对盆景植物的生长生殖有着重要的影响，同时对提高盆景植物的观赏性有着重要的作用。

二、实训要求

在本次实训中，应在掌握相关理论基础的前提下，训练自己的疏花技巧，在实践中不断提高自己的完成度和效率，且注意不要给盆景带来不必要的损害。

三、实训工具

手套、枝剪。

 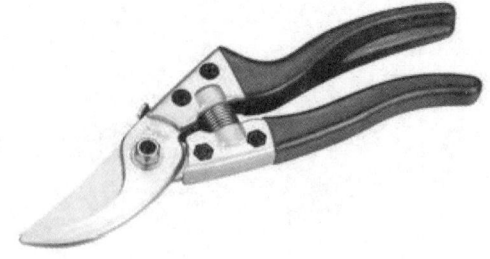

四、实训材料

需要疏花的贴梗海棠。

（拍摄于三邑盆景园）

五、实训步骤

（1）选择花开将败的贴梗海棠。用枝剪剪去疏花附近的枝刺（可按照实际情况选择是否剪枝刺）。

技能三：疏花

（2）直接用手扯去海棠花，或用枝剪剪去。
（3）工作结束，清洁现场，规放工具、物料。

六、注意事项

（1）贴梗海棠是冬季观花盆景，故不能在其还是花蕾的时候就进行疏花工作，而是在盛花将败之时进行疏花工作。
（2）海棠有变态枝刺，易刺伤皮肤，操作前请戴好园艺手套。
（3）疏花、疏花序时，应在花梗中间剪断，勿伤花葶，应保护好留下来的莲座叶和附近的花序。
（4）疏花时，应按主枝顺序依次进行，以免漏枝。

七、实训示例

疏花前：

（拍摄于三邑盆景园）

疏花后：

（拍摄于三邑盆景园）

技能四：疏果

疏花疏果是观果盆景的重要管理措施之一，即人为地去除一部分过多的花和幼果，以使盆景获得较好的挂果效果。疏花疏果宜在早期进行，以减少养分消耗。疏花疏果是提高盆景坐果率和盆景观果效果的重要措施。

一、实训目的

对于盆景植物来说，营养是尤为重要的，而生殖阶段，植物会消耗大量的营养用于开花结实，如贴梗海棠等不需要观果的盆景植物，就需要在其消耗大量养分之前，将其受精的花蕾及初期形成的果实去除，以保留其植物体内的营养，为其来年枝繁叶茂打下基础。

而像金弹子这种观果类盆景，疏果的意义不仅在保存其营养，而且还可使其剩下的果实更加硕大，在疏果时使其果实呈现错落有致的空间布局，则其观赏价值将更上一层楼。

二、实训要求

在本次实训中，要在掌握理论基础的同时，培养自己对盆景美感的认识，同时在不断实践中熟练掌握疏果的要领。

三、实训工具

手套、枝剪。

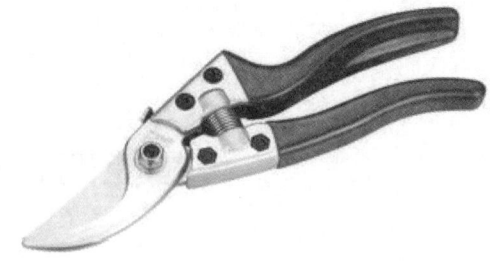

四、实训材料

需要疏果的罗汉松、金弹子。

罗汉松
（拍摄于三邑盆景园）

金弹子

五、实训步骤

（1）选择一棵正处于挂果初期的盆景。

（2）用枝剪或手，将未发育成熟的果实一一摘下或剪下，以免因生殖生长消耗过多的养分，金弹子可适当保留一些果实，以增强观赏效果，但要注意留果位置。

（3）工作结束，清洁现场，规放工具、物料。

六、注意事项

（1）疏果要有目的的进行，如罗汉松尽量将所有的果子全部摘去，而金弹子则需要错落有致地留果，为后期的果实观赏做好设计。

（2）如果是设施栽培条件下的盆景，花期受温度、湿度、光照、授粉等因素的影响，坐果不稳定，应以"轻疏花重疏果"的原则进行。

（3）一个花序上，应疏边果，留中心果。

（4）无论疏花、疏花序或疏果，均应在花梗或果梗中间剪断，勿伤花薹或果薹，保护好留下来的莲座叶和附近的花序或果实。

（5）疏果时，应按主枝顺序依次进行，以免漏枝。

（6）疏花后为提高坐果率，最好跟上人工授粉。

七、实训示例

疏果后的金弹子：

（拍摄于三邑盆景园）

疏果后的罗汉松：

（拍摄于三邑盆景园）

技能五：拿弯

拿弯，就是将树枝的木质部拧断而保留韧皮部相连的一种人工控制树体生长、造型的方式。每一种植物的木质都不尽相同。有些柔韧性较好，适合拿弯。有些木质较脆，容易断，因而不适合拿弯。常见的松柏类的树木柔韧性就很好。像枫树等一类的杂木就比较脆一些。并且比较幼小的枝条（未木质化或者半木质化的枝条）柔韧性更好一些，更易拿弯一些。所以一般越早进行拿弯越好。

一、实训目的

通过拿弯，塑造植物骨架，对树体造型。

拿弯能体现作者制作盆景"功力的深厚"。技术强者总是能将骨架处理得富有曲线变化又不失自然，随心而不违其性、苍劲且具有动感。

二、实训要求

在本次实训中，应当在熟练拿弯技巧的同时，在不断地练习中领会盆景枝干的曲线中所蕴含的意境及韵味，提高自己的造型水平和欣赏水平，同时积累自己在实践操作中的经验。

（拍摄于三邑盆景园）

三、实训工具

手套、枝剪。

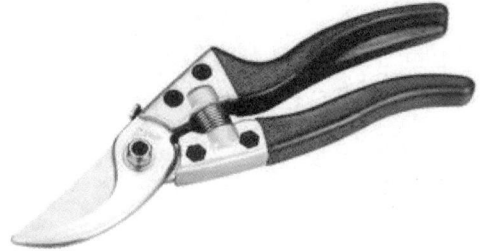

四、实训材料

有新枝,且未经拿弯的海棠。

(拍摄于三邑盆景园)

五、实训步骤

(1)找到海棠上一根未经拿弯的新枝。

(2)左手把住新枝的基部,用右手在距离基部约 1~2 寸(1 寸约为 3.33 厘米)的位置顺时针扭动并向下弯折。

(3)在弯折处的新梢上部约 1~2 寸的位置用枝剪将多余的枝梢剪掉。

(4)工作结束,清洁现场,规放工具、物料。

（拍摄于三邑盆景园）

六、注意事项

（1）在拿弯时要根据枝条的实际情况量力而行，动作应轻柔，避免用力过猛，将枝条折断。

（2）对于已经完全木质化的老枝，切不可强行进行拿弯，否则会对枝条造成严重的损害，甚至使枝条断掉。

（3）海棠枝条上有许多木刺，实践操作中，可根据实际情况做一些适当的修剪，以免在拿弯过程中被木刺划伤。

七、实训示例

拿弯前：

技能五：拿弯

（拍摄于三邑盆景园）

拿弯后效果：

（拍摄于三邑盆景园）

技能六：摘叶

摘叶就是在盆景养护中，根据植物观赏需求，对叶片进行适当疏剪的重要技术措施。多对观叶盆景使用。

比如红枫。红枫盆景可以放置在庭院的任何地方都是一道很靓丽的风景线，它既可以孤植欣赏也可以群植在山石、翠柏之间。

一、实训目的

（1）减缓植物的生长速度，控制叶片大小，促进侧枝发育，保持盆景造型，提升盆景观赏性。

（2）为了更好地观察到植物内部枝条生长情况，方便去留枝条的选择以及蟠扎造型。

（3）改善盆栽的通透性，增强内部通风，并刺激内部新芽萌发，等等。

（拍摄于三邑盆景园）

技能六：摘叶

二、实训要求

在本次实训中，应在掌握理论基础的前提下，完善红枫摘叶的技巧，在实践中不断地提高速度和效率，且注意不要给盆景带来不必要的损害。

（拍摄于三邑盆景园）

三、实训工具

手套、枝剪。

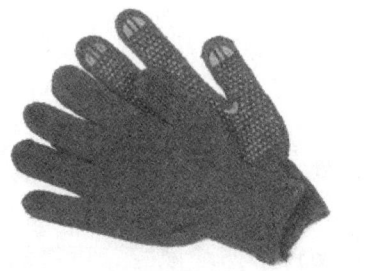 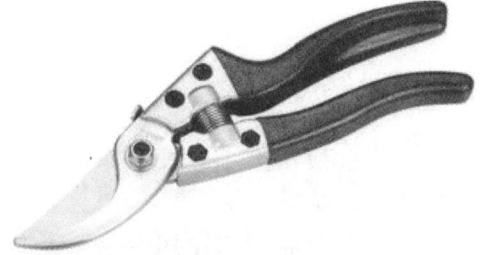

四、实训材料

红枫。

（拍摄于三邑盆景园）

五、实训步骤

（1）找到需要摘叶处理的红枫盆景。

（2）用手捏住叶柄，向外施力的同时，向下掰折，将红枫叶片连带叶柄摘下。

（3）叶片摘除干净后，可用枝剪将一些老弱病残枝一起清理干净。

（4）工作结束，清洁现场，规放工具、物料。

六、注意事项

（1）摘叶使用的工具要干净，叶柄切口处要整齐、利落，这样有益于后期新芽的萌发。

（2）摘叶以后蒸腾作用变慢，盆栽对水的需求明显减少，所以浇水频率也要相应降低。如果仍按照摘叶前频率浇水则会导致盆土过于湿润而发生"烂根"现象。

（3）摘叶后的枫树盆栽应避免阳光直晒，同时要保证良好的通风，以免阳光灼伤娇嫩的叶茎。

技能六：摘叶

（4）避免树体上残留水迹长期不干，导致叶茎溃烂等现象。

（5）大约摘叶35~40天以后新的叶片完全舒展，此时生长较大的叶片仍会阻挡光线不能良好进入内膛，这样通过摘叶促生的新芽就会枯死，所以等到新生叶片成熟舒展时，还应视情况进行一至二次摘叶，将较大叶片摘除，这样才能保证树冠成型时整体叶片大小相对统一，提升观赏性，也能保持内部通透使阳光空气得以进入，保持枫树盆景的健康生长。

（6）选择摘叶养护的枫树盆景应是生命迹象旺盛，"状态"良好的盆景。如果植物长势不够旺盛，芽叶存在干枯等情况就应停止摘叶养护。先查找病因，再针对治疗。等到来年状态恢复后，再进行摘芯、摘叶等养护措施。

七、实训示例

摘叶前：

（拍摄于三邑盆景园）

摘叶后：

（拍摄于三邑盆景园）

技能七：蟠扎

蟠扎造型，主要有铝丝蟠扎和棕丝蟠扎两种方法。铝丝蟠扎多用于小枝造型，时间快、效果好、且有力度，但对较粗枝干的弯曲，较为困难。棕丝蟠扎，无论枝条粗细皆可，且不损伤枝皮，蟠扎效果好，但费工费时。因此，建议金属丝和棕丝并用，主干枝的弯曲用棕丝蟠扎法牵拉，小枝的弯曲用金属丝蟠扎。这样就能取长补短，刚柔相济，达到最佳效益。

一、实训目的

通过蟠扎，可以使枝干弯曲，枝条灵动，造型优美。蟠扎技术，是我们盆景界普遍采用的造型技艺。弯曲攀爬、生动灵秀的枝条不仅使树桩显得别致巧妙、复杂多变，更能赋予树桩盆景新的艺术生命。

二、实训要求

在本次实训中，要在掌握理论基础的同时，培养自己对盆景美感的认识，应结合盆景设计对植物进行蟠扎。

三、实训工具

手套、枝剪。

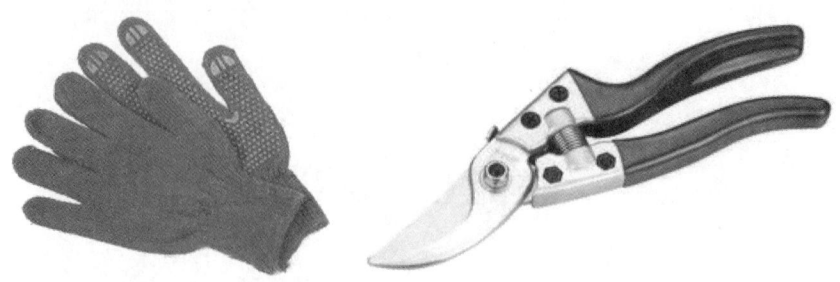

四、实训材料

需要造型的盆景植物。

（拍摄于三邑盆景园）

五、实训步骤

（1）棕丝蟠扎。

① 根据需蟠扎枝干的粗细，将棕丝捻成不同粗细的棕绳。

② 对将要作弯的树段进行揉枝，增强枝段韧性，以便于弯曲。对于较粗的树干，需要先在内弧段用锯子均匀锯出细口（深度应该小于枝干直径的1/2），以便于弯曲，并用麻皮等缠裹伤口。

③ 寻找适合的着力点，固定棕绳。弯曲间距根据树枝的粗细、软硬程度，灵活掌握。若蟠扎点光滑，可垫裹一些棉麻织物。

④ 收缩棕绳，使枝条弯曲，弯曲弧度应平滑自然。

⑤ 根据枝干生长的位置、弯曲形式，找出最佳的蟠扎点和打结的位置。细软的枝条，间距可短一些。硬且粗的枝条，间距可长一些。

（2）铝丝蟠扎。

① 准备老虎钳和不同粗细的铝丝，根据需要造型枝条的粗细，选择直径为枝条粗细三分之一的铝丝进行造型。

② 起头的铝丝可以插到土里，以便于固定。

③ 将铝丝沿树干按需要扭转的方向进行缠绕。

④ 缠绕到一定的高度后，再根据造型需要调整角度。

⑤ 主干的枝条调整好以后，再开始绕横向的侧枝。

⑥ 调整各个枝条的角度使盆景达到理想的形态。

（3）工作结束，清洁现场，规放工具、物料。

六、注意事项

（1）开始的棕丝蟠扎点应尽量选择分枝、树节或粗糙处，以防棕绳滑动

（2）蟠扎时间，除传统蟠扎外，自然式造型的可根据需要适时蟠扎。

（3）蟠扎对树干有伤害时，可在早春进行，利于伤口的愈合。

（4）蟠扎顺序，先扎主干，后扎大枝，再扎小枝。

七、实训示例

蟠扎后的黑松：

（拍摄于三邑盆景园）

技能八：解绑

解绑，是在造型成型后，将盆景造型时缠绕上去的棕绳或金属丝解开，以便于植物充分生长，并使盆景自然美观。

一、实训目的

通过解绑，解除绑扎物对植物生长的影响，并使盆景呈现出自然的美态。

二、实训要求

在实践中通过不断练习，熟练掌握解绑技巧，且在不弄断枝条的前提下，提高速度和效率。

（拍摄于三邑盆景园）

三、实训工具

（1）枝剪：

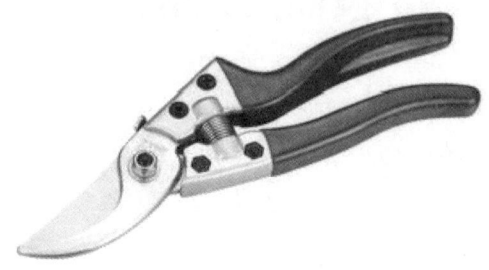

（2）钳子：

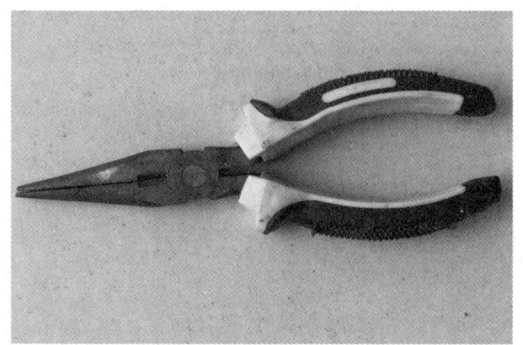

尖嘴钳

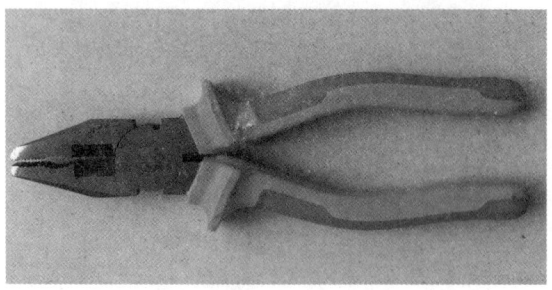

老虎钳

技能八：解绑

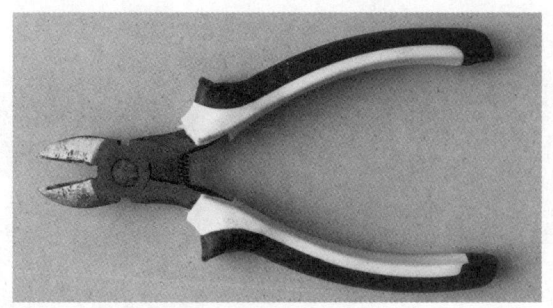

铁线钳

四、实训材料

铝丝绑扎造型完毕，待解绑的罗汉松。

（拍摄于三邑盆景园）

五、实训步骤

（1）找到枝条上原绑扎铝丝缠绕的次序。

（2）根据铝丝缠绕的次序，逆转过来，由末到始利用钳子、枝剪作为辅助工具将枝条上的铝丝一一解下。

（3）工作结束，清洁现场，规放工具、物料。

（拍摄于三邑盆景园）

（拍摄于三邑盆景园）

六、注意事项

（1）解绑铝丝时要根据铝丝缠绕的方向和次序，由末端向枝条根部依次解绑，千万不要从根部至末端开始解绑，以免弄断枝条。

（2）在解绑铝丝的过程中，动作应当尽量轻柔，因为枝条的生长情况较为复杂，鲁莽行事容易对枝条造成损害。

（3）注意灵活应用枝剪等工具可大大提高解绑效率。

（4）解绑一定要及时，过早过晚都不恰当。

解下的铝丝如图：

（拍摄于三邑盆景园）

七、实训示例

未解绑的罗汉松枝条:

（拍摄于三邑盆景园）

解绑后的罗汉松枝条:

（拍摄于三邑盆景园）

技能九：修剪

修剪是盆景制作的重要手段，修剪的原则是：去其多余，留其所需；枝密则疏，枝疏则截。

一、实训目的

通过修剪，去掉多余的枝条，刺激需要的部位萌生新枝，使树体复壮，并控制树体的整体造型。

二、实训要求

在掌握理论基础的同时，熟练掌握修剪技巧和方法，在剪枝的同时要与盆景设计相结合，提升自己的制作和鉴赏水平。

三、实训工具

手套、枝剪。

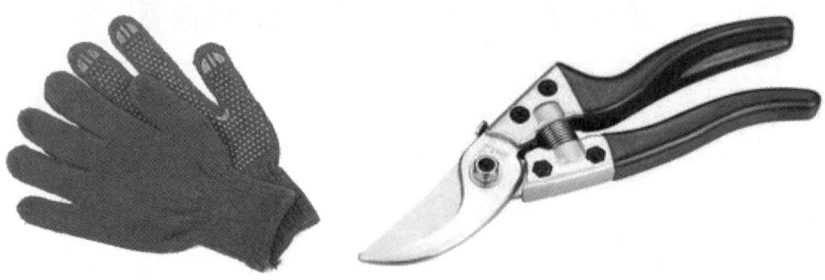

四、实训材料

需要修剪的盆景。

（拍摄于三邑盆景园）

五、实训步骤

（1）找到一株需要修剪的盆景。

（2）在不破坏盆景整体造型的前提下对徒长枝进行修剪，再摘掉残枯枝、病枝病叶，疏剪树根。

（3）根据盆景整体的造型，剪去多余或者影响造型构图的枝条。

（4）工作结束，清洁现场，规放工具、物料。

注：剪口须平，不可损伤树体。疏剪时不宜紧贴树干处剪下，应根据枝条粗细程度，保留少许基部，如此可使树干凹凸不平，有古老苍峻之感。修剪并非全凭设计图，其中也有以下规律可循（如图）。

① 车轮枝：轮芽性的树种，以干或枝为中心，辐射状地长出数根的枝。如果任其生长，车轮枝的接干部位就会肥肿，变得很难看。因此，可依树形需要，在适当位置留下一枝，其余的尽早剪除。剪除时要先留下一小段，待干枯后再剪除，尤其是松树，以免肥肿。

② 闩枝：对生性的树种，以干或枝为中心，于同一点左右生出来的枝。连接点会鼓起，显得不调和，必须将其中一枝从正面切除。

③平行枝：互生性的树种，上下枝平行并排或重叠时，底下枝将因照不到阳光而逐渐衰弱，因而需依树型剪去一枝。

④立枝：从横生的粗枝中向上徒长的枝，因植物顶芽较强势，会使母株衰退，应趁早除去或用金属线调整。

⑤向下枝：横生的粗枝下侧向下垂长的小枝，易造成通风不良，应趁早剪除。

⑥片面枝：干的片面有枝，使树形较不稳定，可用来创作微风飘树型作品。

⑦徒长枝：当枝的生长势较强时，生长直而快的枝，应剪短或切除。

⑧交叉枝：由干直接长出的亲枝与自枝长出的子枝相交叉，应剪断一枝。

⑨切干枝：粗枝横跨在干的前面或经由前面转至后面者，应剪短或切除。

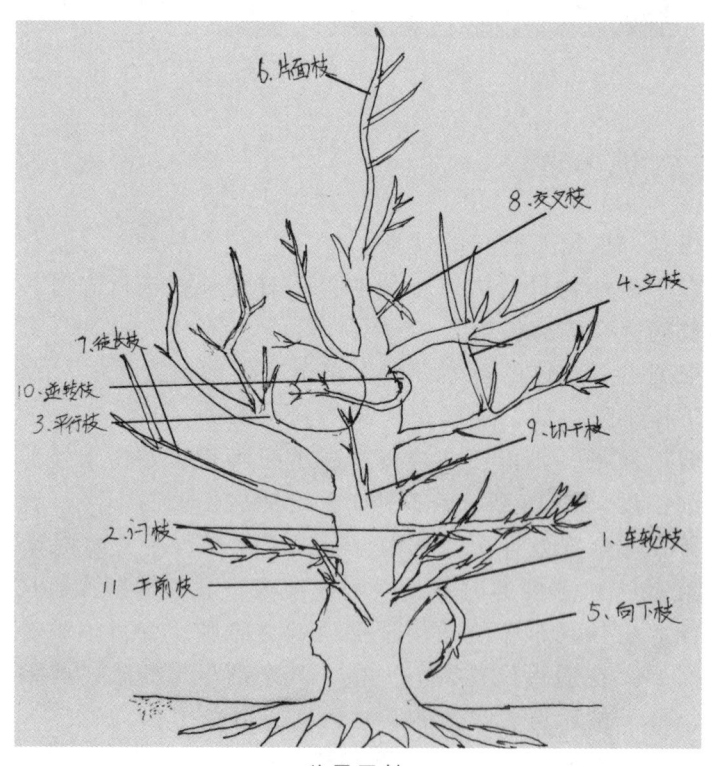

盆景忌枝
（石竣杰绘）

⑩ 逆转枝：指树枝由干向外伸展、中途又反向干生长的枝，应剪短或切除。

⑪ 干前枝：在树干高度 1/2 以下的正面生出的直冲观赏者而影响干线条的枝，应剪短或切除

六、注意事项

（1）剪迟不剪早。

一般都认为冬季树木停止生长，是修剪枝条的最佳时机，强调应该"冬剪"。这个观点是不够全面的。准确地说，应该是部分树种可以进行冬剪，如紫薇，冬季短剪后，枝条看似干枯，春季一到，短枝上就会生长出新芽。但有两种情况会使冬剪失败。一是树种不宜，如榆树，其枝条一旦有伤口容易失水，所以对榆树进行冬剪后，其短截的枝条在漫长干燥的冬季会因失水而干枯。二是枝条太细不宜，不管何树种，对太细的枝条进行冬剪，必然会引起枝条枯死。其实，"春剪"优于"冬剪"。初春树木萌芽前剪枝，此时气温适宜一些，加之较短时间内就会萌发新芽，故无枝条干枯之虞。与"冬剪"相比，"春剪"也并没有其他害处。杜鹃、梅花等春季开花的树木，还必须再晚一些，待开罢花以后再剪枝，否则，剪除了花枝就事与愿违了。

（2）剪粗不剪细。

有些人追求盆景快速成型，急不可待地对尚未木质化的新枝进行短剪，希望当年再长出侧枝，然后再剪，一年内剪两三次，使盆景快速形成几级枝托。作者以前就这样做过，结果事与愿违。一是有些树种枝条未木质化时修剪，并不能发侧枝，却从剪断处发芽继续向前生长，形成不了角度，如枸骨。二是强行剪枝成托会使作品失势。女贞、水杨梅等树种，嫩枝剪后是可以发侧枝的。但也不宜这样做。枝条短剪成托，必是预定了枝托的长度，设想作品成型后，枝托的长度无大的变化。但如果成托的枝细嫩，就会继续较快地生长。这样一来，几级枝托的长度就会大大超过预定长度，显得比例失调。整个树势纤细、单薄，而且无法弥补。实践证明，正确的做法是必须等枝条木质化及大致长到预定的粗度再剪。这样，侧枝长出必然形成较佳的角度。要克服急躁情绪，预定作枝托的枝条，一定要让其长到预定的粗度，一般至少要生长一年，如不够粗，不惜再长一年。

（3）剪肥不剪瘦。

对枝进行短剪后，枝托上很长时间不发新芽，即使发了芽，侧枝生长也不旺盛，这是因为缺肥。要促使枝托速生壮芽，快长新枝。用肥量在不至于产生"肥害"的前提下多多益善，在生长旺季，可以间隔着浇一次水、浇一次肥。但要注意不可太浓。这样做，在温度适宜的生长季节，侧枝应会不停地生长。

最后，必须说明，"三剪三不剪"，是针对未成型盆景而言的。如果已定型的盆景作品，剪枝是为了保持树型，以避免盆景长大长野，自当别论。

七、实训示例

修剪前：

（拍摄于三邑盆景园）

修剪后：

（拍摄于三邑盆景园）

技能十：除草

除草，就是去除杂草。杂草是无用的，既竞争营养，又不美观。然而杂草在苗圃里生命力很顽强，需要大量人力去除。盆景中，就更不允许杂草随意滋生。

一、实训目的

通过除草，避免杂草与盆景争夺水、肥、光，减少病虫源，保证盆景的良好生长环境，保障盆景健壮生长，降低管理成本。

二、实训要求

在本次实训中，应在掌握理论基础的前提下，将苗圃及盆景周围的杂草清除干净，并且在除草的过程中应在不伤害盆景树体和根部的前提下，尽量提高速度保证效率。

三、实训工具

锄头、镰刀。

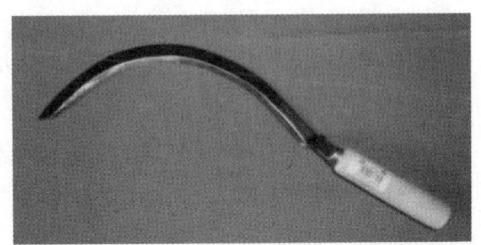

四、实训材料

草地。

（拍摄于三邑盆景园）

五、实训步骤

（1）找到需要处理的草地。
（2）右手拿起镰刀左手抓住需要清除的杂草的茎中部，用镰刀割断基部。
（3）将田间杂草残体清理到固定的地方。
（4）工作结束，清洁现场，规放工具、物料。

六、注意事项

（1）使用工具时要注意自身安全。
（2）找到工具的正确使用方法、技巧，节省体力提高效率。
（3）清除时一定要注意不要伤害盆景的树体，如果树体上有伤口会加大第二年病虫害发生的概率。
（4）田间的杂草一定要清除干净，杂草残体一定要转移，以免产生病菌危害盆景。

七、实训示例

除草前：

（拍摄于三邑盆景园）

除草后：

（拍摄于三邑盆景园）

技能十一：制作铝丝微盆景

在成都农业科技职业学院"胡世勋盆景大师工作室"项目建设过程中，为了更好更快地帮助盆景班学员掌握盆景造型技艺，经过项目组探索，找到了"盆景制作模型替代教学法"，该方法在盆景制作上的应用属于国内首创。

盆景制作模型替代教学法是指在盆景造型制作中，由于植物本身有较长的生长周期，而不能快速成型，导致学生学习周期变长、学习成本增加。为了解决这一矛盾，项目组探索发现了用铝丝工艺造型替代活体植物造型练习的方法。该方法能有效帮助学生快速理解和掌握树体造型构图和造型技巧，再应用于活体植物造型时，其成型率能得到大大提升。

一、实训目的

通过模型替代，让同学们在铝丝盆景造型中了解和掌握川派盆景的常见造型技法要领，并在动手实践中领会植物造型的构图比例等关系，体验到制作盆景的乐趣。

（拍摄于胡世勋盆景大师工作室）

二、实训要求

了解川派盆景十大规则式造型技法的发展由来，以及各技法的造型要点，熟练掌握制作铝丝微盆景的制作技巧和方法，并在制作铝丝微盆景的过程中，提升自己对盆景制作中对树形整体构思的把握度。

三、实训工具

钳子。

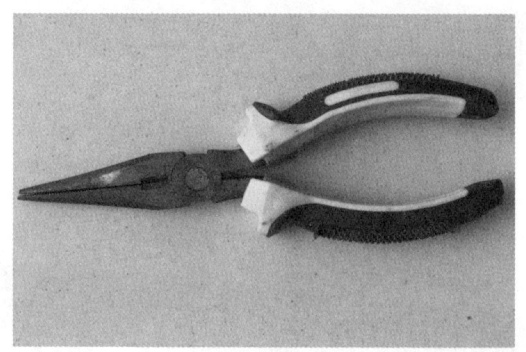

尖嘴钳

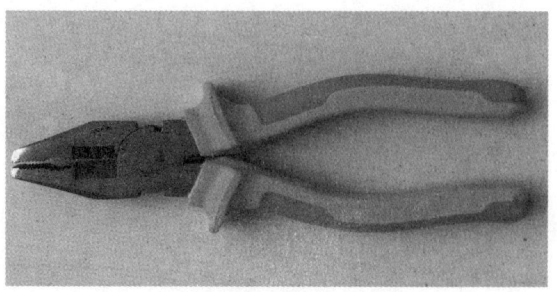

老虎钳

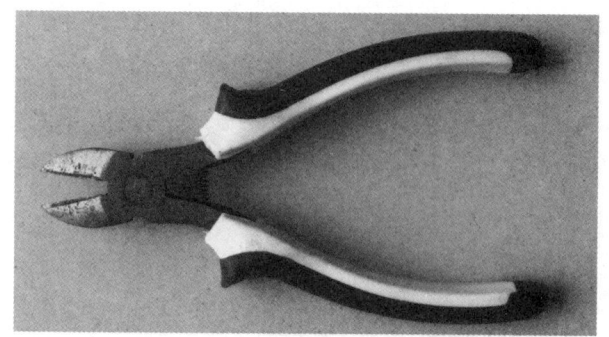

铁线钳

四、实训材料

铝丝。

五、实训步骤

（1）构思。想好自己将要做的铝丝盆景的类型，并构思出作品造型，也可以图纸的方式将设计图画出来。

技能十一：制作铝丝微盆景

（2）计算铝丝数量。通过构思中每个枝条大概需要的铝丝数量相加，确定出制作出一整个铝丝盆景成品需要的铝丝数量。并对每个枝条所需要的铝丝数量做好记录。

（3）截取。根据理想中最终成品的大小，确定并截取合适的铝丝长度。

（4）绑紧固定点。将准备好的铝丝首尾对齐，并将一端用铝丝绑紧，注意在末端要留下一截一定长度的铝丝，用来制作铝丝盆景的根部造型。

（5）螺旋缠绕。将铝丝由绑扎处向上螺旋缠绕。

（6）分枝造型。在缠绕的过程中，根据构想中各分枝的位置及所需铝丝数量，按比例关系，在缠绕主干的过程中将各主枝分离出来，并在缠绕主干的同时，将主干的形态做出来。

（7）枝片造型。做完主干之后，把各个主枝的也按照做主干的方式做好，并将最末端的枝条，做成平面波纹状或其他更漂亮的形状。

（8）成型修整。剪掉多余的铝丝，把根部也做好（若需要露根，根部要制作精细且要有一定形态）。

（9）上盆。装入小盆中，以砂石固定，可辅以一些装饰品。铝丝盆景制作完成。

（10）工作结束，清洁现场，规放工具、物料。

（拍摄于成农院盆景园）

(拍摄于成农院盆景园)

六、注意事项

(1) 在制作铝丝微盆景时一定要先构思,通过构思确定铝丝长度及数量,并做好书面记录,以免在做的过程中,出现铝丝长度不够或数量过剩、不足等情况。

(2) 小心使用工具,避免因操作不当而导致受伤。

(3) 注意打扫卫生,特别要注意仔细清理短小的铝丝,以免自己或别人被扎伤。

七、实训示例

(李俊林拍摄于胡世勋盆景大师工作室)

技能十一：制作铝丝微盆景

（牟艳拍摄于胡世勋盆景大师工作室）

（康蜀强拍摄于胡世勋盆景大师工作室）

技能十二：水旱盆景（水畔式）制作

水畔式，分水旱两个部分，通常旱地部分稍大，水面稍小。旱水之间常以石料护岸隔开，此护岸又称水岸线。水岸线要曲折有致，变化自然，旱地填壤，植以树木、花草，立以山石。旱地点景可用亭、榭、人物等。水面可置舟楫。水畔式属水旱盆景类，表现小范围内的山水景色，植物（树木）相对显得高大。

胡世勋大师指点"山水"
（拍摄于三邑盆景园）

一、实训目的

通过实训，掌握水畔式的制作技巧和方法。
水畔式作为水旱盆景中重要的一大分类，有着它独特的魅力与韵味，在学习水旱盆景的过程中,这也是必须要熟练掌握的一个部分。

二、实训要求

掌握水畔式的整体布局要点,以及树石的搭配要诀、技巧。了解树材、石材的选择方法。

三、实训工具

(1)枝剪:

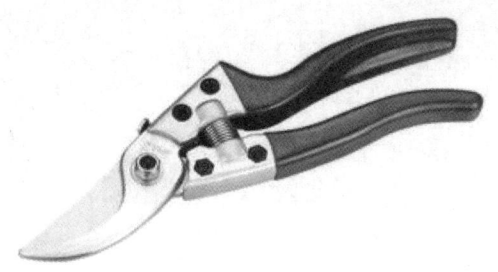

(2)盆景工具套装:

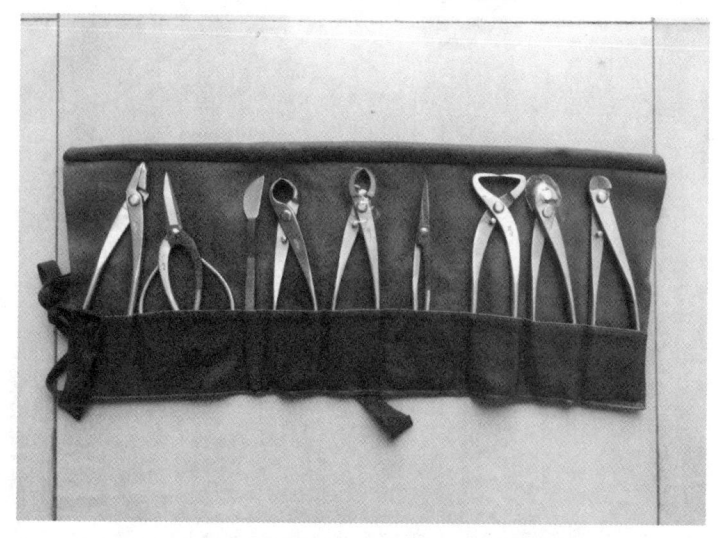

(蒋跃军摄于成都农业科技职业学院)

（3）园艺工具套装：

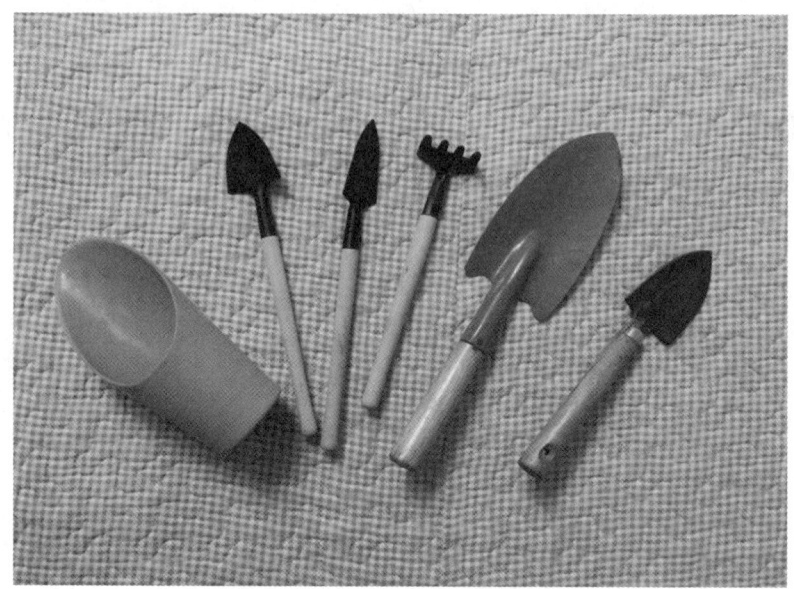

（蒋跃军摄于成都农业科技职业学院）

（4）切割打磨机具：

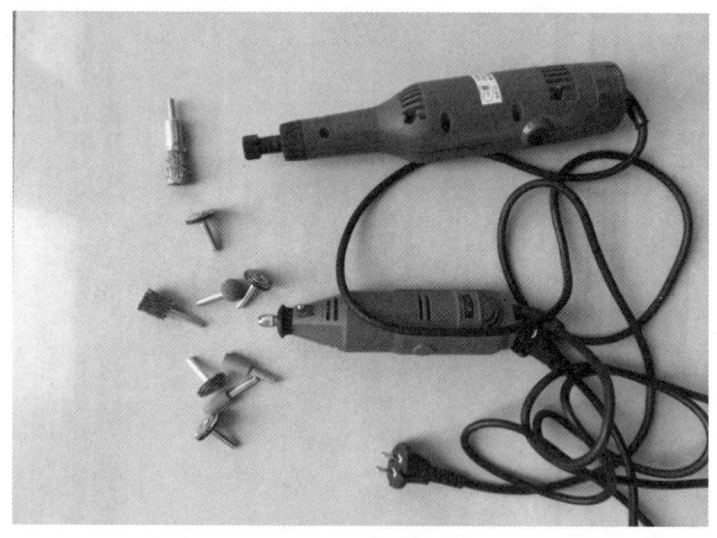

（蒋跃军摄于成都农业科技职业学院）

（5）毛刷：

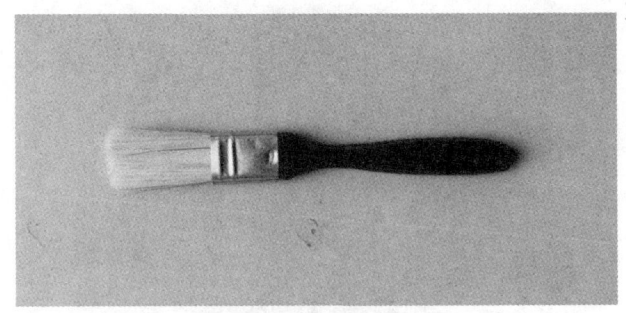

（蒋跃军摄于成都农业科技职业学院）

四、实训材料

（1）水泥：

（拍摄于三邑盆景园）

（2）沙子：

（拍摄于三邑盆景园）

（3）铝丝：

（蒋跃军摄于成都农业科技职业学院）

（4）石料（龟纹石）：

（5）树材：

（拍摄于三邑盆景园）

五、实训步骤

（1）总体构思。

在动手制作水旱盆景之前，应对作品所表现的主题、题材，以及如何布局和表现手法等等，先有一个总体的构思，也就是中国画论中所说的"立意"。

构思以自然景观为依据，以中国山水画为参考。

构思从贯穿于选材、加工和布局的整个过程中，并且常常会在这个过程中有一定程度的修改。

一边构思一边观察准备的素材，然认真审视。在有了初步的方案以后，再加工素材。

（2）植物加工。

植物是水旱盆景的主体，一般先行加工。应该先进行一段时间的人工养护和初步造型。在制作水旱盆景的时候，再根据总体构思，进行进一步的加工。

树木正面的确定十分重要。一般说来，从正面看，主干不宜向前挺，露根和主枝均应向两侧伸展较长，向前后伸展较短。主干的正前方既不可有长枝伸出，也不宜完全裸露。主枝要避免对生和平行，并宜从主干的凸起处伸出，而不宜从弯内伸出。还可以通过栽种角度调整植物表现出来的状态，达到想要表现出来的效果。树体姿态的调整宜采用蟠扎与修剪相结合，需要考虑树枝的长短、疏密、动势与均衡等。

在多株树木合栽时，常常须剪去树木下部的枝条，以符合自然。为了避免交叉重叠，达到整体的协调，有时还须剪去其中一些树木的大枝。这时应以全局为重，该剪则剪。

水旱盆景的盆很浅，栽种树木的区域一般比较小，形状也不规则，所以栽种树木之前，还须将其根部做一些整理。一般先剔除部分旧土，再剪短向下直生的粗根及过长的盘根。剔土与剪根的多少，最好根据盆中旱地部分的形态及大小而定。在树木位置尚未确定前，可先少剔和少剪，待确定后再进一步修剪到位。

（3）石料加工。

水旱盆景用的石料，必须经过一定的加工，才可进行布局。石料的加工主要有切截、雕凿、打磨、拼接等，根据不同的石种和造型进行择。

组合、拼接石头最重要的是具有整体感。需要注意精心选择色泽相近同、皴纹相顺的石料，然后小心确定接合的部位，尽量使相接处吻合，并使石料气势连贯，最后再用水泥细心地进行胶合。

组合、拼接在一起的石头，既要色泽、皴纹协调，又要有体量、形状的变化，达到多样统一。

水旱盆景的造型，常见的有水畔式、岛屿式、溪涧式、江湖式、综合式等式样。

（4）试作布局。

在加工完毕后，可将全部材料，包括树木、石头、摆件及盆等，都放在一起，反复地审视、调整，然后将材料试放进盆中，看看各部分的位置和比例关系，有时也可以画一张草图，这就是试作布局。

试作布局时，要先放主树、然后放配树，再放石头、摆件等。布局时常常要经过反复的调整，和进一步加工和更换，直至达到理想效果为止。

① 树木的布局。

按照总体构思，在盆中先确定树木的位置。在布置树木时，也须考虑到山石与水面的关系。在中国传统绘画中，对于树木的组合有许多经典之作，都可以作为水旱盆景的借鉴。

② 石头的布局。

配置石头时，先作坡岸，以分开水面与旱地，然后作旱地点石，最后再作水面点石。水岸线的处理十分重要，既要曲折多变，又要有露有藏、自然生动。

试作布局时，最好将准备安放的摆件，初步确定位置和方向，对于不恰当者，可更换或取消。安放摆件，应注意位置的合理性、与其他景物的比例以及近大远小的透视原则。

（5）胶合石头。

在布局确定以后，接着可胶合石头，即用水泥将作坡岸的石块及水中的点石固定在盆中。

胶合之前，先用铅笔将石头的位置在盆面上做记号，注意将水岸线的位置，尽量精确地画在盆面上，有些石块还可以编上号码，以免在胶合石头时搞错。

技能十二：水旱盆景（水畔式）制作

水泥宜选凝固速度较快的一种，宜现调现用。在用量较大时，不妨分几次调和。为增加胶合强度，调拌水泥可酌情掺进增加强度的黏合剂。

为使水泥与石头谐调，可在水泥中放进水溶性颜料，将水泥的颜色调配成与石头接近。

胶合石头之前，可将作坡岸石头作最后一次精加工，包括整平底部，磨光破损面，以及使拼接处更加吻合，然后洗刷干净并揩干。做好上述工作后，再将每块石头的底部抹满水泥，胶合在盆中原先定好的位置上。

胶合石头须紧密，不仅要将石头与盆面结合好，还要将石头之间结合好，做到既不漏水，又无多余的水泥外露。可用毛笔或小刷子蘸水刷净沾在石头外面的水泥。

为了防止水面与旱地之间漏水，在作坡岸的石头全部胶合好以后，再仔细地检查一遍，如发现漏洞，应立即补上，以免水漏进旱地，影响植物的生长，同时也影响水面的观赏效果。

如采用松质石料作坡岸，可在近土的一面抹满厚厚的一层水泥，以免水的渗透。

（6）栽种树木。

在布局时，树木是临时放在盆中的，一般并不符合种植的要求。在完成石头胶合，水泥干了后，须将树木认真地栽种在盆中。

栽种树木时，先将树木的根部再仔细地整理一次，使之适合栽种的位置，并使每株树之间的距离符合布局要求。

在盆面上栽树的为止铺上一层土（排水孔上须垫纱网），再放上树木。注意保持原先定好的位置与高度。如果高度不够，可在根的下面多垫一些土，反之则再剪短向下的根。

位置定准后，即将土填入空隙处，一边填土，一边用手或竹扦将土与根贴实，直至将根埋进土中，注意不要让土超出旱地的范围，最好略小一点，以便于胶合山石。待山石胶合完毕，还可以填土。

树木栽种完毕，可用喷雾器在土表面喷水（不需喷透），以固定表层土。

（7）处理地形。

在水旱盆景中，地形处理对于整体的造型起到重要的作用。

在石头胶合完毕，便可在旱地部分继续填土，使坡岸石与土面浑然一体，并通过堆土和点石做出有起有伏的地形。

点石下部不可悬出土面，应埋在土中，做到"有根"。要做好盆景中的点石，平时宜多观察自然界的"点石"。

做好地形以后，在土表面撒上一层细碎"装饰土"，以利于铺种苔藓和小草。

（8）安放摆件。

摆件的安放要合乎情理。安放舟楫和拱桥一类的摆件，可直接固定在盆面上；石板桥一类的摆件，多搭在两边的坡岸上；安放亭、台、房屋、人物、动物类摆件，宜固定在石坡或旱地部分的点石上；有时在旱地部分埋进平板状石块，用以固定摆件。

固定摆件，一般可胶合在石头或盆面上。对于舟、桥一类摆件，可不与盆面胶合，仅在供观赏时放在盆面上。

（9）铺种苔藓。

苔藓是水旱盆景中不可缺少的一个部分，它可以保持水土、丰富色彩，将树、石、土三者联结为一体，还可以表现草地或灌木丛。

苔藓有很多种类。在一件作品中，最好以一种为主，再配以其他种类，既有统一，又有变化。

苔藓多生在阴湿处，可用小铲挖取。在铺种前必须去杂，细心地将杂草连根去除。

铺种苔藓时，先用喷雾器将土面喷湿，再将苔藓撕成小块，细心地铺上去。最好在每小块苔藓之间留下一点间距，不要全部铺满，更不可重叠。苔藓与石头结合处宜呈交错状，而不宜呈直线。全部铺种完毕后，可用喷雾器再次喷水，同时用专用工具或手轻轻地揿几下，使苔藓与土面结合紧密，与盆边结合干净利落。

在铺种苔藓时，还可以栽种一些小花小草，以增添自然气息。

（10）最后整理。

上述各项工作全部完成以后，可对作品进行最后整理。

首先看一下总体效果，检查有无疏漏之处，如发现则作一些弥补。然后将树木做一次全面、细致的修剪和调整，尽可能处理好树与树、及树与石之间的关系。最后将树木枝干、石头及盆，全部洗刷乾淨，并全面喷一次雾水。待水泥全部干透，再将旱地部分喷透水，并可将盆中的水面部分贮满水。这样一件水旱盆景作品便初步完成。

（11）工作结束，清洁现场，规放工具、物料。

六、注意事项

（1）选用的山石形状不宜太奇特，不宜多棱角，表面不可破损。
（2）同一盆景中的石料，色泽、纹理、质地等特征要统一。
（3）树木、坡岸山石与旱地点石、地形、水面、配件等部分，各个部分应相互联系，使之成为既统一协调又富于变化的整体。
（4）胶接山石前需洗净盆面。
（5）胶合必须紧密，既要使山石与盆面结合得好，又要使山石之间结合得好。不可漏水，也不要有多余的水泥外露。
（6）制作完成后要将山石、树干、盆钵洗刷干净。

七、实训示例

（拍摄于三邑盆景园）

（拍摄于四川省首届插花盆景大赛）

（拍摄于四川省首届插花盆景大赛）

技能十三：选盆

盆的选择须根据树材造型、大小、颜色和立意而定。

首先盆的大小要适当，一是从植物的生长特点来考虑，若选用的盆钵过大，蓄水过多，影响植物生长。严重的会因长期积水而发生烂根现象。另一是从画面的构图来考虑，盆的大小与树木之间的关系要协调，不能用盆过大，也不能用盆过小，形成头重脚轻。

一般来说，盆的口径应小于树冠的范围，丛林式的宜用浅一些的盆，盆中面积要稍大一点，以表现一定的空间范围。直干式宜用较浅一点的盆；曲干、斜干、卧干宜用中等深度的盆；微型悬崖式宜用深的签筒盆。

再是盆钵的形状有四方形、长方形、圆形、椭圆形。所用之盆也要与树木的造型相呼应。如表现苍劲挺拔一类气势的树木盆景，宜采用直线条的盆钵，即四方形或长方形的盆，以表示刚劲有力；如表现姿态柔和的树木盆景，则宜用以曲线条为主的盆钵，即圆形、椭圆形盆，以表现一种柔和柔媚之美；斜干式宜用长方形、椭圆形较浅的盆；丛林式、合栽式、附石式等形式宜用长方形或椭圆形的浅盆。

盆的色彩要柔和，一般宜暗不宜艳丽，也要与树木所表现的神韵相协调，如四季苍翠的松柏类盆景宜用深色的紫砂陶盆，方能更显其苍劲古朴之气势；红色梅花、火棘、贴梗海棠可配白色盆或淡蓝色盆。

盆的质地也要注意，一般树木盆宜用紫砂陶盆；微型盆景宜用釉陶盆或紫砂盆；大型盆景可用石盆；一般的观花、观果类盆景瓦盆采用外套釉盆。

盆体的选配也是一种艺术，具体应用时，许多规则不能固定不变，还是要根据构思来全面考虑，在实践中不断创新。

横盆
(高建浩摄于三邑园)

椭圆盆
(高建浩摄于三邑园)

高盆
(高建浩摄于三邑园)

技能十三：选盆

中盆
（高建浩摄于三邑园）

附 录

盆景制作相关工具与材料

（1）盆景制作工具：

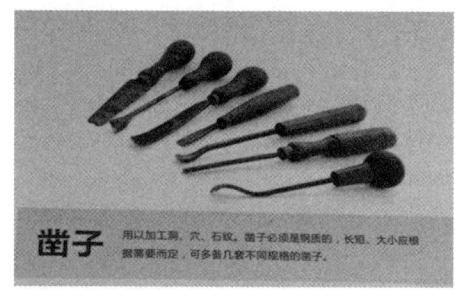
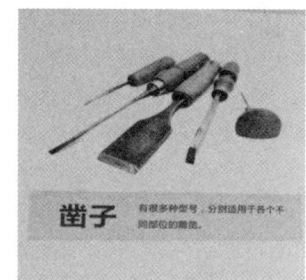
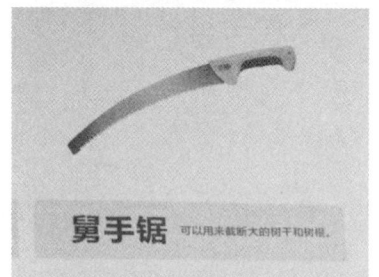
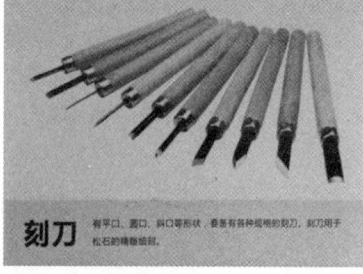

附 录

刷子 水泥胶摆山石前，必须用刷子将交接口刷净，胶牢后，把在外围的水泥轻轻刷去等。

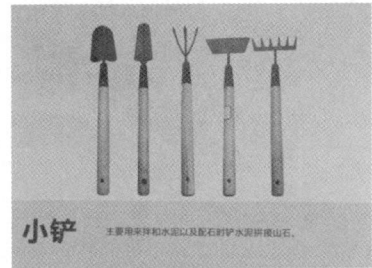

小铲 主要用来拌和水泥以及配石时铲水泥拼摆山石。

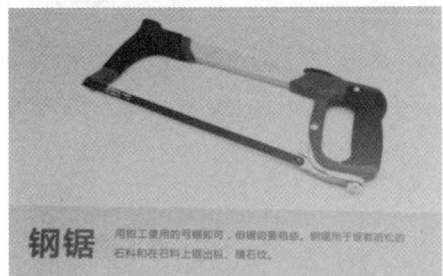

钢锯 用做工星用的弓锯即可，但锯齿要粗细。钢锯用于锯较酥松的石料和在石料上锯出纹、擦石纹。

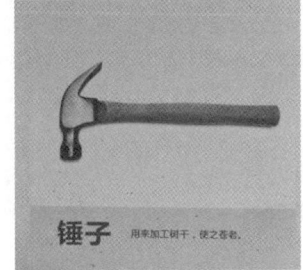

锤子 用来加工树干，使之苍老。

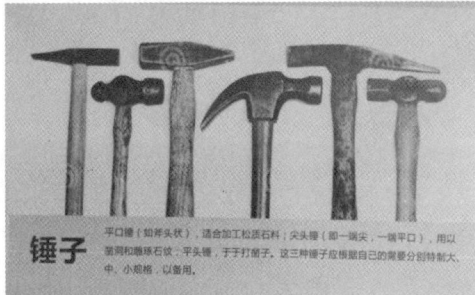

锤子 平口锤（如斧头状），适合加工松质石料；尖头锤（即一端尖，一端平口），用以劈削和雕琢石纹；平头锤，于于打钉子。这三种锤子应根据自己的需要分别特制大、中、小规格，以备用。

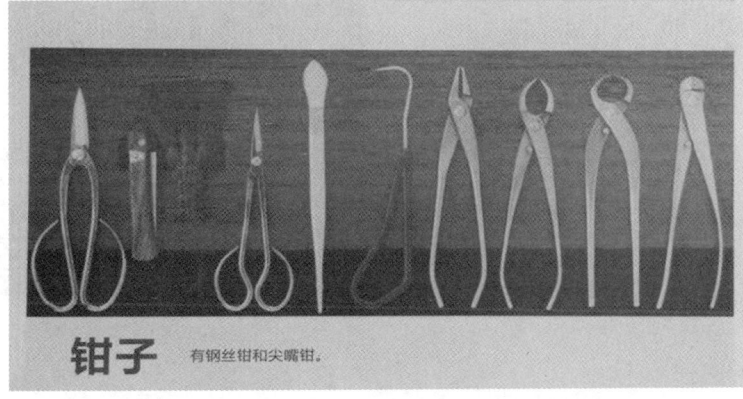

钳子 有钢丝钳和尖嘴钳。

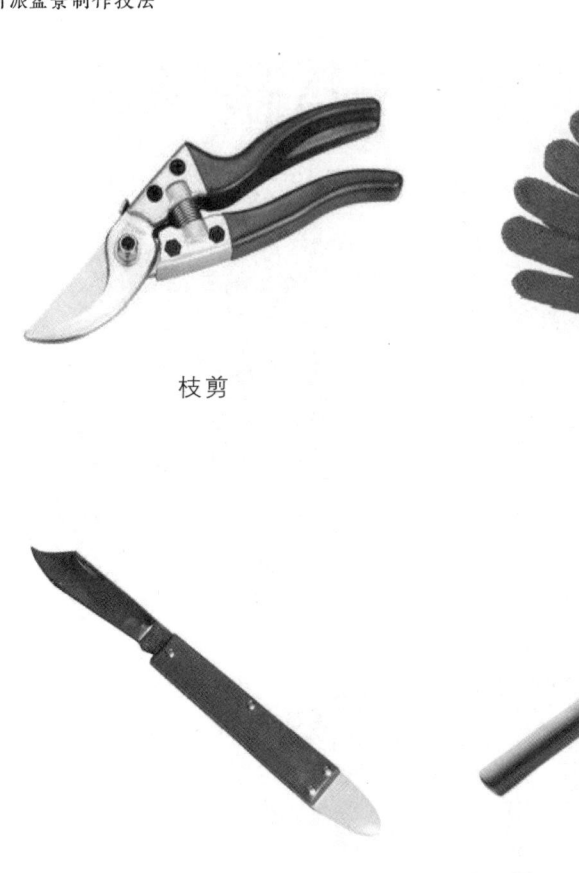

枝剪　　　　　　　　手套

嫁接刀　　　　　　　锄头

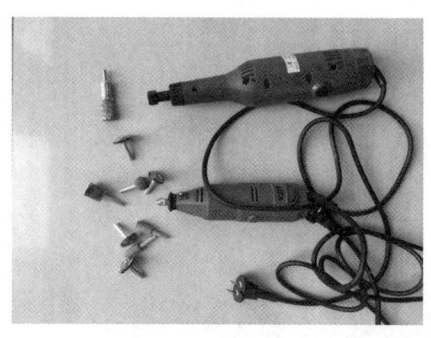

切割打磨工具

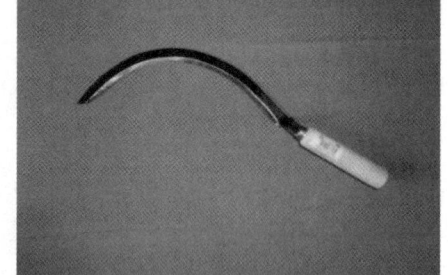

镰刀

（2）制作材料：

附 录

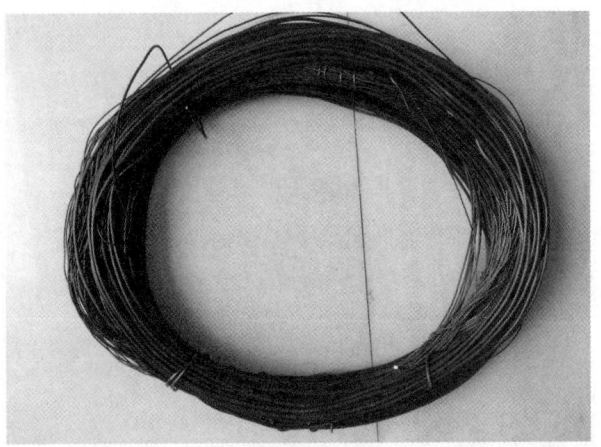

铝丝

水泥 标号越高越好。松质和硬质石料都可以用水泥拼接，但拼接白石料要用白水泥。

黄沙 用来拌和水泥，如用白水泥时，则要用白石米打碎代替黄沙。

颜料 为了使拼接口的色泽与拼接的石料相似，使拼石后，不留痕迹，多用墨汁或色粉与水泥调拌。

龟纹石

（3）养护工具：

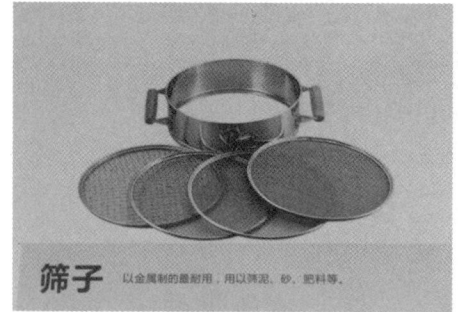

筛子 以金属制的最耐用，用以筛泥、砂、肥料等。

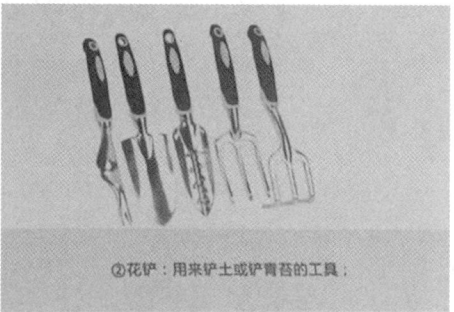

②花铲：用来铲土或铲青苔的工具；

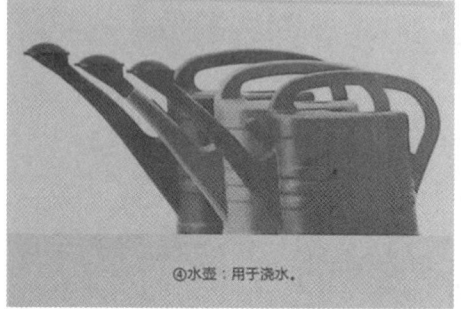

④水壶：用于浇水。

③喷雾器：用来叶面喷水、叶面施肥和喷药；

常见树型设计图
（李俊林绘制）

（1）曲干式：

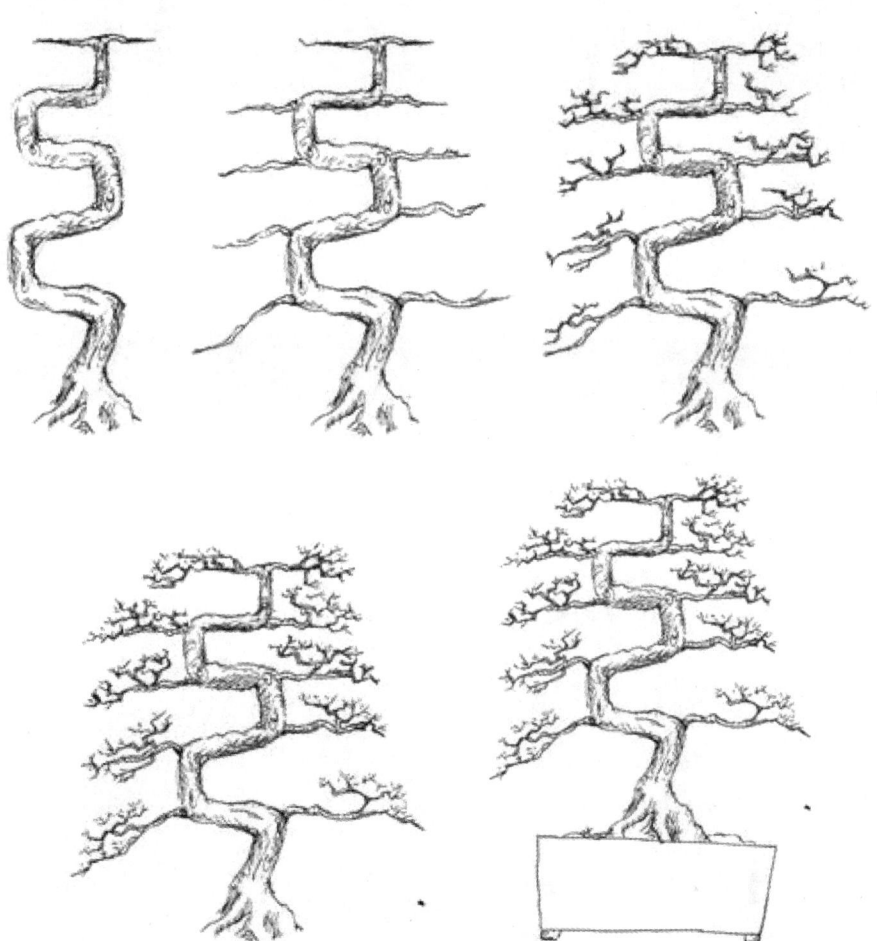

（2）直干式：

（3）斜干式：

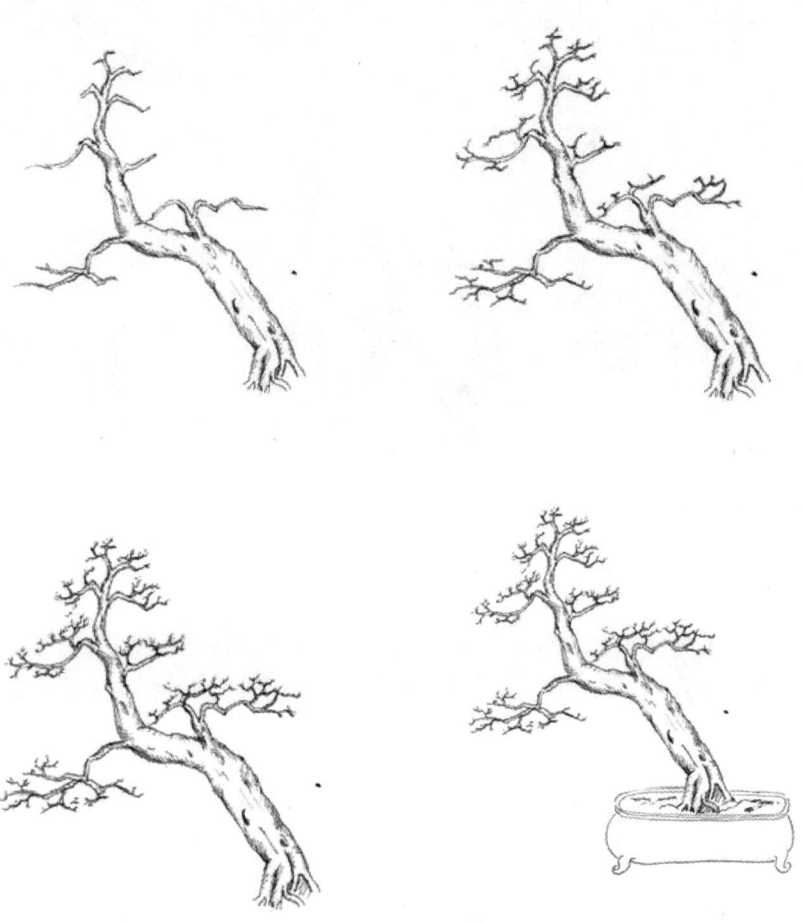

（4）卧干式：

（5）下垂式：

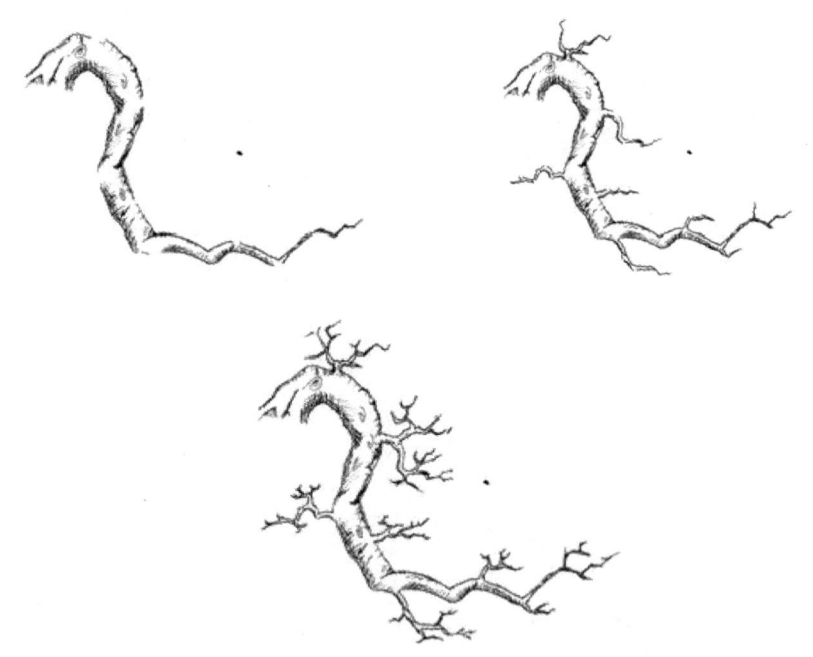

075　附　录

盆景班学员假期作业

一、基本素养提升

（一）目的

盆景是中国的传统艺术之一。被誉为"立体的画""无声的诗"。有一花一世界，一叶一菩提的艺术效果。要求学员通过对中国传统诗书画的研习，达到帮助学员内修，提高学员基本文化素养、提升学员基本审美情趣的目的。

（二）时间

各寒暑假，学员入班后的第一个假期开始。

（三）内容

（1）书法练习：
须临摹自己喜爱的名家书法作品（毛笔、钢笔均可）。
（2）绘画练习：
须临摹各类盆景作品。不限流派。
（3）背唐诗宋词：
常读、诵唐诗宋词，增加自身文学修养。可与书法练习相配合。

（四）要求

（1）书法作品字体不限，纸张大小为四尺四开（69×34），字迹工整、态度端正。
（2）绘画作品要求A4纸，要求画面整洁、构图完整、结构清晰。

（3）唐诗宋词，要求能讲述所背诗词的创作背景、意境。

（五）完成时间

所有作业在开学第一周内，由各班班长收集整理统一交给负责老师（张璐）存档。

二、盆景造型练习

（一）目的

学员通过铝丝盆景的制作，练习盆景的常见造型姿态。使学员能在制作盆景时，可以准确地抓住树体特点进行表现。

（二）时间

各寒暑假，学员入班后的第二个假期开始。

（三）内容

学员自行购买园艺丝，设计制作铝丝盆景，并根据自己盆景的大小、造型等配合适的盆，完成上盆工作。可适当点配小品。

（四）要求

（1）园艺丝直径为1毫米、黑色。
（2）作品造型必须符合植物自然生长特点。
（3）高度（去盆）为30厘米以内。
（4）至少完成一盆。

（五）完成时间

作品完成后，以照片的形式发给各班班长，再由班长整理打包交给负责老师（张璐）存档。作品图片在开学后第一周内，交给各班班长。
并要求把完成作品带回学校，在校内外各类展示活动中进行展示宣传。

三、盆景制作与养护

（一）目的

盆景班学员要将理论知识与实践相结合。盆景制作可以使学员更为清晰地感受盆景制作的魅力。并通过制作体验学习盆景的基本制作技巧，和总结造型植物的基本养护要点。一件好的盆景作品是需要时间去雕琢的，它是有生命的。所以盆景的养护也是盆景学习中不可或缺的知识点。

（二）时间

各寒暑假，学员入班后的第三个假期开始。

（三）内容

学员在期末时，在陈君梅老师处申领一株金弹子苗，带回家进行设计制作，并养护。

（四）要求

（1）造型优美。
（2）无徒长枝。
（3）植物生长健康。

（五）完成时间

作品完成后，以照片的形式发给各班班长，再由班长整理打包交给负责老师（张璐）存档。作品图片在开学后第一周内，交给各班班长。

并要求把完成作品带回学校，在校内外各类展示活动中对川派盆景进行展示宣传。

参考文献

[1] 曾闻. 树桩盆景的夏季管理[J]. 老友, 2016（8）: 46.
[2] 杜晓霞. 树桩盆景的管理养护[J]. 农业与技术, 2017（16）: 215.
[3] 徐剑. 黑松盆景的制作[J]. 乡镇论坛, 2015（1）: 31.
[4] 汪仁美. 野生树桩盆景制作技术[J]. 江西农业, 2017（1）: 78-79.
[5] 陆海燕. 榆树盆景的制作与管理探讨[J]. 现代园艺, 2017（22）: 94-95.
[6] 曹颖. 贴梗海棠盆景的制作与养护[J]. 中国农业文摘-农业工程, 2016（5）: 60-61.
[7] 朱骏. 山水盆景的制作[J]. 现代园艺, 2014（9）: 53-55.
[8] 汪文忠. 松柏类盆景的制作技巧[J]. 新疆林业, 2016（4）.
[9] 郑尚儒. 中国盆景流派赏析[D]. 湛江: 广东海洋大学寸金学院, 2011.
[10] 陈芃芃. 工艺盆景艺术探析[D]. 北京: 中央美术学院, 2017.
[11] 林曈. 明清时期植物盆景种类及制作技术研究[D]. 南京: 南京农业大学, 2009.
[12] 李坤地. 罗汉松扦插繁殖与盆景成型技术研究[D]. 福州: 福建农林大学, 2013.
[13] 黄翔. 图解树木盆景制作与养护[M]. 福州: 福州科技出版社, 2013.
[14] 徐帮学. 盆景制作[M]. 北京: 化学工业出版社, 2018.
[15] 吴诗华, 汪传农. 树木盆景制作技法[M]. 合肥: 安徽科学技术出版社, 2014.
[16] 汪彝鼎. 图解山水盆景制作与养护[M]. 福州: 福建科学技术出版社, 2017.
[17] 兑宝峰. 盆景制作与赏析——观花观果篇[M]. 福州: 福建科技出版社, 2016.

[18] 韦金笙. 中国盆景制作技术手册[M]. 上海：上海科学技术出版社，2018.

[19] 小林健二. 小盆栽 大自然[M]. 福州：福建科技出版社，2018.

[20] 林国承. 野趣盆栽（珍藏版）[M]. 福州：福建科技出版社，2014.

[21] 兑宝峰. 盆景制作与赏析——松柏杂木篇[M]. 福州：福建科技出版社，2016.

[22] 韩玉林，窦逗，原海燕. 盆景艺术基础[M]. 北京：化学工业出版社，2015.

[23] 曹明君. 树桩盆景技艺图说[M]. 北京：中国林业出版社，2006.

[24] 顾永华，丁昕. 图解盆景制作与养护[M]. 北京：化学工业出版社，2010.

[25] 谷丽萍. 盆景制作技艺[M]. 北京：中国林业出版社，2017.

[26] 余东生. 盆景制作与养护小经验小窍门[M]. 福州：福建科技出版社，2008.

[27] 曹明君. 树桩盆景实用技艺手册[M]. 北京：中国林业出版社，2015.